Ruby Jindal

Para além do Mármore Azul: Perspectivas sobre o nosso precioso planeta

Ruby Jindal

Para além do Mármore Azul: Perspectivas sobre o nosso precioso planeta

ScienciaScripts

Imprint
Any brand names and product names mentioned in this book are subject to trademark, brand or patent protection and are trademarks or registered trademarks of their respective holders. The use of brand names, product names, common names, trade names, product descriptions etc. even without a particular marking in this work is in no way to be construed to mean that such names may be regarded as unrestricted in respect of trademark and brand protection legislation and could thus be used by anyone.

Cover image: www.ingimage.com

This book is a translation from the original published under ISBN 978-620-7-80825-0.

Publisher:
Sciencia Scripts
is a trademark of
Dodo Books Indian Ocean Ltd. and OmniScriptum S.R.L publishing group

120 High Road, East Finchley, London, N2 9ED, United Kingdom
Str. Armeneasca 28/1, office 1, Chisinau MD-2012, Republic of Moldova, Europe
Printed at: see last page
ISBN: 978-620-7-89840-4

Índice

Prefácio

Na vasta extensão do cosmos, no meio da escuridão do espaço, paira uma joia singular - uma esfera radiante de vida, adornada com nuvens rodopiantes e vastos oceanos. Esta é a nossa casa, a Terra, carinhosamente conhecida como o Mármore Azul.

Para além do Mármore Azul: Perspectives on Our Precious Planet (Perspectivas sobre o nosso precioso planeta) tem como objetivo mergulhar na intrincada tapeçaria dos ecossistemas da Terra, explorando o seu delicado equilíbrio e o profundo impacto das acções humanas sobre ele. Numa altura em que nos encontramos num momento crucial da história, a urgência de compreender e preservar o nosso ambiente nunca foi tão evidente.

Este livro é uma viagem através das maravilhas e complexidades do nosso mundo natural. Examina a interligação dos ecossistemas, a biodiversidade que sustenta a vida e os desafios colocados pelas alterações climáticas, a poluição e as práticas não sustentáveis. Cada capítulo apresenta uma narrativa de descoberta, oferecendo ideias de investigação científica, perspectivas culturais e reflexões pessoais.

Através destas páginas, testemunharemos a resiliência da natureza e as soluções inovadoras que estão a surgir para salvaguardar o futuro do nosso planeta. Desde as imponentes florestas da Amazónia até às extensões geladas do Ártico, e desde as cidades movimentadas até à natureza selvagem remota, as histórias aqui contidas revelam tanto a beleza da Terra como as ameaças que enfrenta.

Por
Dr. Ruby Jindal
(Universidade K.R. Mangalam, Gurugram, Haryana, Índia)

Capítulo 1: O Mármore Azul: Um Retrato da Terra

Na vasta extensão do cosmos, a Terra aparece como uma pequena e cintilante esfera - um pálido ponto azul suspenso contra o pano de fundo do espaço infinito. Esta imagem icónica, captada pela missão Apollo 17 em 1972, alterou para sempre a perspetiva que a humanidade tem do nosso planeta. A fotografia do Blue Marble simboliza a beleza, a fragilidade e a interligação dos ecossistemas da Terra.

1.1 A visão do espaço

Do ponto de vista do espaço, os astronautas descrevem um profundo sentimento de admiração e reverência quando olham para a Terra. As nuvens rodopiantes, os continentes vibrantes e os oceanos de um azul profundo sublinham a natureza dinâmica do planeta. A delicada atmosfera, um fino véu de gases que suporta a vida, realça a singularidade da Terra entre os corpos celestes.

1.2 A história da Terra

A história da Terra estende-se por milhares de milhões de anos - uma saga de convulsões geológicas, mudanças climáticas e a evolução da vida. Desde os oceanos primordiais onde a vida surgiu até aos diversos ecossistemas que florescem atualmente, o nosso planeta passou por transformações notáveis. A formação dos continentes, o aparecimento de organismos complexos e a ascensão e queda de civilizações antigas contribuem para a intrincada tapeçaria da história da Terra.

1.3 Ecossistemas e biodiversidade

No centro da resiliência da Terra está a sua rica tapeçaria de ecossistemas. Desde as luxuriantes florestas tropicais repletas de biodiversidade até aos extensos desertos adaptados a condições extremas, cada ecossistema desempenha um papel vital na manutenção da saúde do planeta. A biodiversidade - a variedade de formas de vida na Terra - assegura a estabilidade e a resiliência dos ecossistemas, fornecendo serviços essenciais como ar puro, água fresca e solo fértil.

1.4 Impacto humano e desafios ambientais

Apesar da resiliência natural da Terra, as actividades humanas têm vindo a sobrecarregar cada vez mais os seus ecossistemas. O ritmo acelerado da industrialização, da urbanização e da expansão agrícola conduziu à desflorestação, à perda de habitats e à poluição. As alterações climáticas, impulsionadas pelas emissões de gases com efeito de estufa, representam uma ameaça significativa para os ecossistemas globais, provocando a subida do nível do mar, fenómenos meteorológicos extremos e perturbações da biodiversidade.

1.5 Conservação e gestão

Em resposta a estes desafios, os esforços de conservação e a gestão ambiental surgiram como prioridades críticas. Os conservacionistas trabalham incansavelmente para proteger espécies ameaçadas, preservar habitats vitais e promover práticas sustentáveis. A gestão ambiental incentiva os indivíduos e as comunidades a adoptarem comportamentos responsáveis, a reduzirem a sua pegada ecológica e a defenderem mudanças políticas que apoiem a sustentabilidade ambiental.

1.6 Olhando para o futuro: Um apelo à ação

Ao reflectirmos sobre a majestade e a vulnerabilidade da Terra, somos obrigados a considerar o nosso papel como administradores deste precioso planeta. Os desafios que enfrentamos - alterações climáticas, perda de biodiversidade e degradação ambiental - são urgentes e estão interligados. As escolhas que fizermos hoje irão moldar o futuro da Terra e de todos os seus habitantes.

1.7 Para além do mármore azul

Para além do Mármore Azul convida os leitores a embarcarem numa viagem de descoberta e contemplação. Ao longo deste livro, vamos explorar diversas perspectivas sobre os ecossistemas da Terra, examinar soluções inovadoras para os desafios ambientais e celebrar a beleza inerente e a resiliência do nosso planeta. Juntos, vamos esforçar-nos por proteger e acarinhar a Terra, a nossa casa comum no cosmos.

À medida que nos aprofundamos nos capítulos seguintes, vamos desvendar as complexidades dos ecossistemas da Terra, mergulhar nos desafios das alterações climáticas e explorar a interligação das questões ambientais globais. Cada capítulo oferece uma perspetiva única sobre os preciosos ecossistemas do nosso planeta e a necessidade urgente de acções de conservação.

Capítulo 2: Os ecossistemas da Terra: Diversidade e Interligação

A Terra é um mosaico de diversos ecossistemas, cada um com as suas características únicas, composições de espécies e funções ecológicas. Desde densas florestas tropicais a extensos recifes de coral, estes ecossistemas sustentam a vida e regulam os processos essenciais da Terra. O Capítulo 2 explora a rica tapeçaria dos ecossistemas da Terra, destacando a sua biodiversidade, interligação e os serviços críticos que prestam à humanidade e ao planeta como um todo.

2.1 Compreender os ecossistemas

Os ecossistemas são redes complexas de organismos vivos (plantas, animais e microorganismos) que interagem com o seu ambiente físico (como o solo, a água e o clima). Podem variar desde florestas terrestres e prados até habitats aquáticos como oceanos, rios e zonas húmidas. Cada ecossistema tem a sua própria dinâmica, ciclos e adaptações que permitem aos organismos prosperar nos seus ambientes específicos.

2.2 Ecossistemas terrestres

2.2.1 Florestas: Os ecossistemas florestais cobrem cerca de 31% da superfície terrestre e albergam uma vasta gama de espécies vegetais e animais. As florestas tropicais húmidas, caracterizadas por uma elevada biodiversidade e uma vegetação densa, desempenham um papel crucial no armazenamento de carbono e na regulação do clima. As florestas temperadas e boreais fornecem habitat para a vida selvagem, contribuem para a fertilidade do solo e oferecem recursos para uso humano.

2.2.2 Prados: Os ecossistemas de prados, que se encontram em todos os continentes exceto na Antárctida, são caracterizados por vastas extensões de gramíneas e plantas herbáceas. Sustentam animais de pasto, incluindo bisontes e antílopes, e fornecem solos férteis para a agricultura. Os prados estão adaptados a incêndios periódicos e desempenham um papel no ciclo de nutrientes e na filtragem da água.

2.2.3 Desertos: Os ecossistemas dos desertos são definidos pelas suas condições áridas e vegetação escassa. Apesar do seu ambiente agreste, os desertos são o lar de plantas e animais únicos, adaptados para conservar a água e suportar temperaturas extremas. Os ecossistemas dos desertos prestam serviços ecossistémicos valiosos, como a polinização e a estabilização dos solos.

2.3 Ecossistemas aquáticos

2.3.1 Oceanos: Os oceanos cobrem mais de 70% da superfície da Terra e são os maiores ecossistemas do planeta. Sustentam uma diversidade espantosa de vida marinha, desde o plâncton microscópico até às majestosas baleias. Os recifes de coral, que se encontram em águas tropicais, são dos ecossistemas marinhos com maior biodiversidade e constituem habitats essenciais para os peixes e outros organismos marinhos.

2.3.2 Ecossistemas de água doce: Os rios, lagos e zonas húmidas constituem ecossistemas de água doce, vitais para a água potável, a irrigação e a biodiversidade. As zonas húmidas actuam como filtros naturais, purificando a água e proporcionando habitat para aves migratórias e espécies aquáticas. As barragens e a poluição ameaçam a saúde dos ecossistemas de água doce, salientando a necessidade de conservação e gestão sustentável da água.

2.4 Biodiversidade e serviços ecossistémicos

A biodiversidade - a variedade de formas de vida na Terra - é essencial para a resiliência e o funcionamento dos ecossistemas. Os ecossistemas prestam serviços valiosos, como a polinização, o ciclo de nutrientes e a regulação do clima, que são cruciais para o bem-estar humano e a estabilidade económica. A proteção da biodiversidade e a manutenção de ecossistemas saudáveis são fundamentais para garantir a prestação contínua destes serviços.

2.5 Ameaças à saúde dos ecossistemas

As actividades humanas, incluindo a desflorestação, a destruição dos habitats, a poluição, a sobre-exploração dos recursos e as alterações climáticas, representam ameaças significativas para a saúde dos ecossistemas. A perda de biodiversidade pode levar ao colapso do ecossistema, afectando a segurança alimentar, a qualidade da água e os meios de subsistência. Os esforços de conservação e as práticas sustentáveis são essenciais para mitigar estas ameaças e preservar os ecossistemas da Terra para as gerações futuras.

2.6 Conservação e gestão sustentável

As iniciativas de conservação visam proteger e restaurar os ecossistemas, conservar a biodiversidade e promover práticas sustentáveis de gestão da terra e da água. As áreas protegidas, como os parques nacionais e as reservas marinhas, desempenham um papel crucial na salvaguarda da biodiversidade e no fornecimento de refúgio a espécies ameaçadas. A agricultura, a silvicultura, a pesca e o planeamento urbano sustentáveis são essenciais para equilibrar as necessidades humanas com a gestão ambiental.

2.7 Adotar a gestão dos ecossistemas

Como administradores dos ecossistemas da Terra, os indivíduos, comunidades e governos têm uma responsabilidade colectiva de conservar e gerir de forma sustentável os recursos naturais. A educação, a investigação e a sensibilização são essenciais para aumentar a consciencialização sobre a importância dos ecossistemas e promover uma cultura de gestão ambiental. Trabalhando em conjunto, podemos proteger a biodiversidade da Terra, promover a resiliência dos ecossistemas e assegurar um futuro sustentável para toda a vida no nosso precioso planeta.

Capítulo 3: Alterações climáticas: Impactos e Adaptações

As alterações climáticas são um dos desafios mais prementes do nosso tempo, com implicações de grande alcance para os ecossistemas da Terra, as sociedades e as gerações futuras. O Capítulo 3 explora a ciência subjacente às alterações climáticas, os seus impactos actuais e previstos e as estratégias de adaptação e atenuação necessárias para enfrentar esta crise global.

3.1 Compreender as alterações climáticas

As alterações climáticas referem-se a mudanças a longo prazo na temperatura, nos padrões de precipitação e noutros aspectos do sistema climático da Terra. Embora os factores naturais influenciem a variabilidade climática, as actividades humanas, em especial a queima de combustíveis fósseis, a desflorestação e os processos industriais, aceleraram significativamente o aquecimento global desde a Revolução Industrial. O aumento das concentrações de gases com efeito de estufa, como o dióxido de carbono (CO_2), o metano (CH_4) e o óxido nitroso (N_2O), retém o calor na atmosfera, provocando o aquecimento do planeta.

3.2 Provas das alterações climáticas

As provas científicas das alterações climáticas são abundantes e diversificadas, desde o aumento das temperaturas globais e a fusão das calotes polares até às mudanças nos padrões meteorológicos e à frequência crescente de fenómenos meteorológicos extremos. As medições efectuadas por satélites, estações meteorológicas e amostras de núcleos de gelo fornecem um registo histórico das tendências e variações climáticas, salientando o ritmo acelerado e a natureza sem precedentes das actuais alterações climáticas.

3.3 Impactos nos ecossistemas da Terra

As alterações climáticas constituem uma ameaça significativa para os ecossistemas da Terra, perturbando os habitats, alterando a distribuição das espécies e agravando a perda de biodiversidade. Os recifes de coral, sensíveis às alterações de temperatura, enfrentam fenómenos de branqueamento que ameaçam a sua sobrevivência. Os ecossistemas árcticos, que sofrem uma rápida fusão do gelo, põem em perigo espécies como os ursos polares e as focas do Ártico. Os ecossistemas terrestres, desde as florestas aos prados, enfrentam mudanças nas estações de crescimento e uma maior incidência de incêndios florestais, afectando a vida selvagem e as comunidades humanas que dependem destes recursos.

3.4 Impactos socioeconómicos

Os impactes das alterações climáticas vão para além dos ecossistemas, influenciando as sociedades e economias humanas em todo o mundo. As comunidades vulneráveis, sobretudo nas zonas costeiras baixas e nas regiões áridas, enfrentam riscos acrescidos de subida do nível do mar, secas e insegurança alimentar. Os sectores da agricultura, da pesca e do turismo são vulneráveis às alterações climáticas, o que afecta os meios de subsistência e a estabilidade económica. As catástrofes relacionadas com o clima, como os furacões e as vagas de calor, impõem custos substanciais às infra-estruturas e aos sistemas de saúde pública.

3.5 Estratégias de adaptação

A adaptação envolve o ajustamento aos impactes das alterações climáticas para reduzir a vulnerabilidade e criar resiliência. As soluções baseadas na natureza, como a recuperação de zonas húmidas e mangais, podem atenuar as inundações e a erosão costeira, apoiando simultaneamente a biodiversidade. As práticas agrícolas resistentes ao clima, incluindo culturas resistentes à seca e uma gestão eficiente da água, aumentam a segurança alimentar em condições climáticas variáveis. As melhorias nas infra-estruturas, como os sistemas de drenagem de águas pluviais e a conceção de edifícios resistentes ao calor, protegem as comunidades dos riscos relacionados com o clima.

3.6 Esforços de atenuação

O objetivo da mitigação é reduzir as emissões de gases com efeito de estufa e limitar a magnitude das futuras alterações climáticas. A transição para fontes de energia renováveis, como a energia solar e eólica, reduz a dependência dos combustíveis fósseis e diminui as emissões de carbono. As medidas de eficiência energética, incluindo a melhoria do isolamento dos edifícios e dos sistemas de transporte, reduzem o consumo de energia e o impacto ambiental. Os acordos internacionais, como o Acordo de Paris, estabelecem metas para a redução dos gases com efeito de estufa e promovem a cooperação global em matéria de ação climática.

3.7 O papel dos indivíduos e das comunidades

Os indivíduos desempenham um papel crucial no combate às alterações climáticas através de escolhas e acções quotidianas. A adoção de estilos de vida sustentáveis, como a redução do consumo de energia, a conservação da água e a minimização dos resíduos, contribui para diminuir a pegada de carbono pessoal. As iniciativas comunitárias, desde projectos locais de conservação até ao planeamento da resiliência climática, promovem a ação colectiva e criam comunidades conscientes do clima. A defesa de alterações políticas e o apoio a políticas favoráveis ao clima incentivam os governos e as empresas a dar prioridade à sustentabilidade ambiental.

3.8 Olhando para o futuro: Um apelo à ação

A resposta às alterações climáticas exige uma ação colectiva a nível local, nacional e global para salvaguardar os ecossistemas da Terra, proteger as comunidades vulneráveis e garantir um futuro sustentável para as gerações vindouras. Ao integrar estratégias de adaptação e atenuação, promover a inovação e a tecnologia e fomentar a cooperação internacional, a humanidade pode atenuar os impactes das alterações climáticas e construir um futuro resiliente.

No Capítulo 4, exploraremos soluções inovadoras e tecnologias promissoras que oferecem esperança na luta contra as alterações climáticas, desde os avanços nas energias renováveis até às práticas agrícolas sustentáveis.

Capítulo 4: Inovações e soluções para um futuro sustentável

A humanidade enfrenta desafios ambientais sem precedentes, mas as tecnologias inovadoras e as práticas sustentáveis oferecem soluções promissoras para atenuar as alterações climáticas, conservar a biodiversidade e promover a sustentabilidade global. O Capítulo 4 analisa as inovações revolucionárias e as abordagens transformadoras que estão a moldar o caminho para um futuro mais sustentável para o nosso planeta.

4.1 Revolução das energias renováveis

A transição dos combustíveis fósseis para as fontes de energia renováveis está na vanguarda dos esforços de combate às alterações climáticas. A energia solar fotovoltaica, as turbinas eólicas e a energia hidroelétrica aproveitam os recursos renováveis para produzir eletricidade sem emissões de gases com efeito de estufa. Os avanços nas tecnologias de armazenamento de energia, como as baterias e as pilhas de combustível de hidrogénio, permitem a integração das energias renováveis nas redes existentes e proporcionam um fornecimento de energia fiável.

4.2 Eficiência e conservação de energia

A melhoria da eficiência energética em todos os sectores - desde os edifícios e os transportes até à indústria e à agricultura - reduz o consumo de energia e diminui as emissões de gases com efeito de estufa. Aparelhos energeticamente eficientes, projectos de edifícios inteligentes e tecnologias de eletrificação de veículos contribuem para a utilização sustentável dos recursos e para a gestão ambiental. As políticas e incentivos públicos apoiam a adoção de práticas e tecnologias de poupança de energia, reforçando os esforços globais no sentido da resiliência climática.

4.3 Agricultura sustentável e sistemas alimentares

As práticas agrícolas sustentáveis promovem a saúde dos solos, conservam os recursos hídricos e reduzem as emissões de gases com efeito de estufa provenientes das actividades agrícolas. As abordagens agroecológicas, incluindo a agricultura biológica, a rotação de culturas e a gestão integrada de pragas, aumentam a resistência às alterações climáticas, mantendo simultaneamente a produtividade e a biodiversidade.

As tecnologias de agricultura de precisão, como a deteção remota e a análise de dados, optimizam a utilização dos recursos e minimizam o impacto ambiental na produção alimentar.

4.4 Conservação e restauro

Os esforços de conservação desempenham um papel crucial na proteção da biodiversidade, na recuperação de ecossistemas degradados e na preservação de habitats naturais. As áreas protegidas, incluindo os parques nacionais e as reservas marinhas, salvaguardam as espécies ameaçadas e as comunidades ecológicas. As iniciativas de reflorestação e florestação aumentam o sequestro de carbono, atenuam os impactos da desflorestação e restauram os serviços ecossistémicos essenciais para o bem-estar humano.

4.5 Economia circular e gestão de resíduos

A transição para uma economia circular minimiza a produção de resíduos, maximiza a eficiência dos recursos e reduz a pegada ambiental. As tecnologias de reciclagem, reutilização e transformação de resíduos em energia fecham os circuitos dos materiais e promovem padrões de consumo sustentáveis. Abordagens inovadoras, como a conceção ecológica e a gestão de produtos, dão prioridade a considerações sobre o ciclo de vida e incentivam comportamentos responsáveis de produção e consumo.

4.6 Tecnologias verdes e inovação

As inovações tecnológicas impulsionam o desenvolvimento sustentável em vários sectores, desde os transportes e a indústria transformadora até ao planeamento urbano e à gestão da água. Soluções de transporte limpas, incluindo veículos eléctricos e autocarros movidos a hidrogénio, reduzem a poluição do ar e a dependência de combustíveis fósseis. Os projectos de edifícios ecológicos, como a arquitetura solar passiva e os telhados verdes, optimizam a eficiência energética e melhoram a qualidade do ambiente interior.

4.7 Envolvimento e capacitação da comunidade

As iniciativas orientadas para a comunidade capacitam as partes interessadas locais para participarem nos esforços de conservação ambiental e sustentabilidade. Programas de ciência cidadã, hortas comunitárias e iniciativas de educação ambiental aumentam a sensibilização, promovem a gestão ambiental e criam resiliência aos impactes climáticos. As parcerias de colaboração, que envolvem governos, empresas, universidades e a sociedade civil, amplificam a ação colectiva e promovem soluções inclusivas e equitativas para o desenvolvimento sustentável.

4.8 Política e governação

A existência de políticas e quadros de governação eficazes é essencial para impulsionar mudanças transformadoras no sentido da sustentabilidade. Os planos nacionais de ação climática, as normas regulamentares e os acordos internacionais proporcionam quadros para a redução das emissões de gases com efeito de estufa, estratégias de adaptação e mecanismos de financiamento do clima. A cooperação multilateral, as negociações diplomáticas e o envolvimento das partes interessadas facilitam a criação de consensos e apoiam os esforços globais para atingir os objectivos climáticos.

4.9 Aumentar a escala das soluções: Desafios e oportunidades

A expansão de inovações e soluções sustentáveis exige a superação de barreiras, incluindo os custos tecnológicos, as lacunas políticas e as desigualdades socioeconómicas. O investimento em investigação e desenvolvimento, os incentivos financeiros e as iniciativas de reforço de capacidades promovem a difusão da inovação e a transferência de tecnologia nos países em desenvolvimento. A capacitação das comunidades marginalizadas e a promoção do crescimento inclusivo garantem que os benefícios da sustentabilidade sejam distribuídos de forma equitativa e contribuam para a prosperidade global.

4.10 Visão para um futuro sustentável

À medida que imaginamos um futuro sustentável, a colaboração, a inovação e a ação colectiva são fundamentais para enfrentar os desafios ambientais globais. A adoção de tecnologias transformadoras, a promoção de práticas sustentáveis e a defesa da coerência das políticas aceleram o progresso no sentido de alcançar a resiliência climática, a conservação da biodiversidade e os objectivos de desenvolvimento sustentável. Ao salvaguardar os ecossistemas da Terra e ao capacitar as gerações actuais e futuras, a humanidade pode abrir caminho para um futuro resiliente, equitativo e sustentável para todos.

No Capítulo 5, exploraremos o papel da educação, da sensibilização e da defesa na promoção da gestão ambiental e na mobilização do apoio da sociedade para práticas e políticas sustentáveis.

Capítulo 5: Educação, Sensibilização e Advocacia: Mobilização para a gestão ambiental

A educação, a sensibilização e a promoção são ferramentas indispensáveis para capacitar os indivíduos, as comunidades e as sociedades a tornarem-se agentes activos da gestão ambiental e do desenvolvimento sustentável. O Capítulo 5 explora o poder transformador do conhecimento, da comunicação e da ação colectiva na abordagem dos desafios ambientais globais e na promoção de uma cultura de sustentabilidade.

5.1 O poder da educação

A educação é a pedra angular da consciencialização, da promoção do pensamento crítico e da capacitação dos indivíduos para tomarem decisões informadas sobre questões ambientais. Os sistemas de ensino formal, desde as escolas primárias às universidades, integram a educação ambiental nos currículos para promover a literacia ecológica, os princípios de sustentabilidade e a ética da conservação. As oportunidades de aprendizagem experimental, como as visitas de estudo e os projectos ambientais, cultivam as ligações entre os estudantes e a natureza, inspirando as gerações futuras a tornarem-se guardiãs do ambiente.

5.2 Sensibilização para as questões ambientais

A sensibilização do público para as questões ambientais, desde as alterações climáticas e a perda de biodiversidade até à poluição e ao esgotamento dos recursos, catalisa a ação colectiva e o envolvimento político. Os meios de comunicação social, incluindo a televisão, a rádio e as plataformas de redes sociais, amplificam as mensagens ambientais e destacam histórias de sucesso de iniciativas de sustentabilidade. Campanhas, eventos e programas de sensibilização do público educam diversos públicos, mobilizam o apoio à proteção ambiental e promovem a mudança de comportamentos para estilos de vida sustentáveis.

5.3 Envolvimento e participação da comunidade

O envolvimento da comunidade permite que as partes interessadas locais participem ativamente na tomada de decisões ambientais, nos esforços de conservação e nas iniciativas de desenvolvimento sustentável. Organizações comunitárias, ONGs ambientais e movimentos de base mobilizam voluntários, organizam eventos de limpeza e defendem a justiça ambiental e o acesso equitativo aos recursos naturais. As parcerias de colaboração entre comunidades, governos e empresas fomentam o diálogo, a conceção conjunta de soluções e reforçam a resistência aos desafios ambientais.

5.4 Justiça e equidade ambiental

A justiça ambiental defende uma distribuição justa dos benefícios e encargos ambientais, assegurando que as comunidades marginalizadas têm igual acesso a ar limpo, água potável e ambientes saudáveis. A resolução das desigualdades ambientais, incluindo os impactos desproporcionados da poluição e das alterações climáticas nas populações vulneráveis, requer políticas inclusivas, soluções lideradas pela comunidade e a defesa dos direitos ambientais e da justiça social. A capacitação das comunidades da linha da frente e a promoção dos princípios de equidade reforçam a resiliência e promovem resultados de desenvolvimento sustentável.

5.5 Capacitação e liderança dos jovens

O envolvimento dos jovens é fundamental para impulsionar a ação ambiental e moldar um futuro sustentável. Os movimentos liderados por jovens, como as Sextas-feiras para o Futuro e as cimeiras de jovens sobre o clima, mobilizam o ativismo global dos jovens, exigem a ação climática dos decisores políticos e defendem a equidade entre gerações. Os programas de capacitação dos jovens, os clubes ambientais e as iniciativas de liderança cultivam os jovens líderes, fomentam soluções inovadoras para os desafios ambientais e inspiram a aprendizagem e a colaboração entre pares sobre questões de sustentabilidade.

5.6 Responsabilidade empresarial e sustentabilidade

A responsabilidade empresarial engloba a integração da sustentabilidade ambiental nas operações comerciais, nas cadeias de abastecimento e na governação empresarial. As estratégias de sustentabilidade empresarial, incluindo tecnologias ecológicas, práticas de economia circular e iniciativas de redução da pegada de carbono, atenuam os impactos ambientais, melhoram a eficiência dos recursos e contribuem para os objectivos de desenvolvimento sustentável. O envolvimento das partes interessadas, a transparência e os relatórios empresariais promovem a responsabilização e impulsionam a transformação do mercado no sentido de práticas empresariais sustentáveis.

5.7 Defesa e influência de políticas

A defesa de políticas mobiliza as partes interessadas para influenciar os processos de tomada de decisão, moldar as políticas ambientais e promover reformas legislativas que dão prioridade à sustentabilidade. As organizações de defesa do ambiente, as instituições de investigação e as redes da sociedade civil defendem políticas baseadas em provas, defendem a ação climática e participam em negociações internacionais sobre acordos ambientais globais. O lobbying popular, a formação de coligações e a participação dos cidadãos nos processos de governação amplificam as vozes públicas, reforçam a responsabilidade democrática e fazem avançar a mudança sistémica para uma sociedade mais sustentável.

5.8 Cidadania global e ação colectiva

A cidadania global implica o reconhecimento da interligação com diversas comunidades em todo o mundo e a adoção da responsabilidade partilhada pela gestão ambiental global. A cooperação internacional, a diplomacia e os acordos multilaterais, como o Acordo de Paris e os Objectivos de Desenvolvimento Sustentável, facilitam a solidariedade global, a ação colaborativa e os compromissos colectivos para enfrentar os desafios ambientais transfronteiriços. O intercâmbio cultural, o diálogo intercultural e a aprendizagem mútua promovem vias de desenvolvimento inclusivas, equitativas e sustentáveis para um futuro global resiliente e harmonioso.

5.9 Mudança transformadora e transições de sustentabilidade

Para conseguir uma mudança transformadora no sentido da sustentabilidade é necessário integrar a educação, a sensibilização e a defesa em abordagens holísticas que capacitem os indivíduos, mobilizem as comunidades e catalisem mudanças sistémicas no comportamento, nas políticas e na governação. Aproveitar o poder transformador da educação, aumentar a consciencialização ambiental, promover a participação inclusiva e defender a justiça e a equidade é essencial para fomentar a gestão ambiental, criar resiliência e garantir um futuro sustentável para as gerações presentes e futuras.

5.10 Visão da gestão ambiental

À medida que imaginamos um futuro moldado pela gestão ambiental e pelo desenvolvimento sustentável, a educação, a consciencialização e a defesa são pilares fundamentais para promover uma cultura global de sustentabilidade. Capacitar os indivíduos, as comunidades e as sociedades para tomarem medidas proactivas, colaborarem entre sectores e defenderem mudanças transformadoras acelera o progresso no sentido de alcançar o equilíbrio ecológico, a equidade social e a prosperidade económica num planeta próspero e resistente.

No Capítulo 6, exploraremos estudos de casos e iniciativas exemplares que demonstram o impacto transformador da educação, da sensibilização e da promoção da gestão ambiental e da sustentabilidade em todo o mundo.

Capítulo 6: Estudos de caso em matéria de gestão ambiental e sustentabilidade

O Capítulo 6 examina estudos de casos inspiradores e iniciativas exemplares de todo o mundo que demonstram o impacto transformador da educação, da sensibilização e da promoção da gestão ambiental e da sustentabilidade em diversos sectores e comunidades.

6.1 Histórias de sucesso na conservação

6.1.1 Estudo de caso: O Projeto de Reintrodução do Lobo de Yellowstone (EUA)

Em 1995, os lobos foram reintroduzidos no Parque Nacional de Yellowstone, depois de terem estado ausentes durante quase 70 anos. Este esforço histórico de conservação tinha como objetivo restaurar o equilíbrio ecológico natural, controlando as populações de alces, reduzindo o sobrepastoreio da vegetação e revitalizando os habitats ribeirinhos. O regresso dos lobos não só beneficiou a biodiversidade, como também demonstrou os efeitos em cascata dos predadores de topo em ecossistemas inteiros, inspirando programas de reintrodução semelhantes a nível mundial.

6.1.2 Estudo de caso: Conservação do panda-gigante (China)

Os esforços de conservação do panda gigante, uma espécie icónica ameaçada de extinção, na China, exemplificam abordagens integradas de proteção do habitat, criação em cativeiro e envolvimento da comunidade. Reservas de conservação como a Reserva Natural Nacional de Wolong proporcionam um habitat crítico para os pandas, enquanto a investigação e as campanhas de sensibilização do público promovem a conservação do panda e o desenvolvimento sustentável nas comunidades locais. O êxito da conservação do panda realça a importância da conservação da biodiversidade e das estratégias de recuperação das espécies.

6.2 Agricultura sustentável e sistemas alimentares

6.2.1 Estudo de caso: Agroecologia no Brasil

O Movimento Agroecológico no Brasil promove práticas agrícolas sustentáveis que aumentam a fertilidade do solo, conservam a biodiversidade e melhoram os meios de subsistência dos pequenos agricultores. Ao integrar o conhecimento tradicional com a inovação científica, as abordagens agroecológicas reduzem a dependência de agroquímicos, atenuam a degradação ambiental e reforçam a resistência à variabilidade climática. As cooperativas de base comunitária e as redes de agricultores promovem a partilha de conhecimentos e capacitam as comunidades rurais para a adoção de práticas agrícolas sustentáveis.

6.2.2 Estudo de caso: Iniciativas de agricultura urbana (global)

As iniciativas de agricultura urbana em cidades de todo o mundo, como as hortas nos telhados, a agricultura apoiada pela comunidade (CSA) e os sistemas de agricultura vertical, promovem a produção local de alimentos, reduzem os quilómetros percorridos pelos alimentos e aumentam a biodiversidade urbana. Estas iniciativas envolvem os residentes urbanos na produção sustentável de alimentos, aumentam o acesso a produtos frescos e atenuam os efeitos das ilhas de calor urbanas. As parcerias de colaboração entre governos, ONGs e comunidades locais apoiam a agricultura urbana como uma solução para a insegurança alimentar urbana e a sustentabilidade ambiental.

6.3 Energias renováveis e ação climática

6.3.1 Estudo de caso: Energia solar na Índia

A ambiciosa Missão Solar Nacional da Índia tem como objetivo aumentar a capacidade de produção de energia solar e reduzir a dependência dos combustíveis fósseis para atenuar os impactos das alterações climáticas. Os incentivos, subsídios e quadros regulamentares do Governo promovem o investimento em infra-estruturas de energia solar, estimulam a inovação tecnológica e criam oportunidades de emprego no sector das energias renováveis. A rápida expansão dos projectos de energia solar demonstra o empenho da Índia em alcançar a segurança energética, reduzir as emissões de carbono e fazer a transição para uma economia com baixas emissões de carbono.

6.3.2 Estudo de caso: Energia eólica offshore no Norte da Europa

Países como a Dinamarca e os Países Baixos foram pioneiros no desenvolvimento da energia eólica offshore, aproveitando os fortes ventos costeiros para gerar eletricidade limpa e reduzir a dependência dos combustíveis fósseis. Os parques eólicos offshore contribuem para os objectivos das energias renováveis, estimulam o crescimento económico nas regiões costeiras e reduzem as emissões de gases com efeito de estufa das fontes de energia convencionais. Tecnologias inovadoras e parcerias de colaboração entre governos, indústria e instituições de investigação impulsionam a expansão da energia eólica offshore e fazem avançar os esforços globais no sentido de transições energéticas sustentáveis.

6.4 Educação e sensibilização ambiental

6.4.1 Estudo de caso: Programa Eco-Escolas (Global)

O Programa Eco-Escolas, coordenado pela Fundação para a Educação Ambiental (FEE), envolve escolas de todo o mundo na promoção da educação ambiental, de práticas de sustentabilidade e de acções ambientais lideradas por estudantes. As escolas participantes implementam iniciativas amigas do ambiente, como a redução de resíduos, a conservação de energia e projectos de conservação da biodiversidade, integrando simultaneamente princípios de sustentabilidade nos currículos e nas operações escolares. O programa fomenta a liderança juvenil, capacita os estudantes como administradores ambientais e cultiva uma cultura de sustentabilidade nas instituições e comunidades educativas.

6.4.2 Estudo de caso: Campanhas de sensibilização para a poluição por plásticos

Iniciativas e campanhas globais sensibilizam para a poluição do plástico, os seus impactos ambientais e a necessidade urgente de reduzir e reciclar os resíduos de plástico. Organizações como a Ocean Cleanup e a Plastic Pollution Coalition defendem alterações políticas, eventos de limpeza comunitários e tecnologias inovadoras para combater a poluição por plásticos nos oceanos, rios e ambientes terrestres. As campanhas de envolvimento público e de responsabilidade empresarial incentivam os indivíduos, as empresas e os governos a adotar alternativas sem plástico, a apoiar iniciativas de economia circular e a proteger os ecossistemas marinhos.

6.5 Conservação e advocacia lideradas pela comunidade

6.5.1 Estudo de caso: Direitos das Terras Indígenas e Conservação (Bacia Amazónica)

As comunidades indígenas da bacia amazónica, como os povos Kayapo e Yanomami, desempenham um papel crucial na conservação das florestas e na proteção da biodiversidade através de práticas tradicionais de gestão das terras e da defesa dos direitos fundiários. As iniciativas de conservação lideradas pelos indígenas promovem a utilização sustentável dos recursos, preservam o património cultural e protegem os habitats ricos em biodiversidade da desflorestação, da exploração madeireira ilegal e das indústrias extractivas. As parcerias de colaboração entre organizações indígenas, ONGs e governos reforçam os direitos indígenas, capacitam as comunidades locais e promovem o desenvolvimento sustentável nas paisagens da Amazónia.

6.5.2 Estudo de caso: Comunidades costeiras e conservação marinha (Filipinas)

As comunidades costeiras das Filipinas, como as do Santuário Marinho da Ilha de Apo, demonstram abordagens de conservação marinha baseadas na comunidade que integram práticas de pesca sustentáveis, restauração de recifes de coral e iniciativas de ecoturismo. Os programas de gestão local capacitam os pescadores e os membros da comunidade como guardiões marinhos, melhoram a biodiversidade marinha e promovem a resiliência socioeconómica nas zonas costeiras. Modelos de governação colaborativa, incluindo acordos de cogestão e processos participativos de tomada de decisões, apoiam os esforços de conservação liderados pela comunidade e a gestão sustentável dos recursos costeiros.

6.6 Sustentabilidade empresarial e responsabilidade social

6.6.1 Estudo de caso: O ativismo ambiental da Patagonia

A Patagonia, uma empresa de renome de vestuário para actividades ao ar livre, exemplifica a sustentabilidade empresarial e o ativismo ambiental através do seu compromisso com o fornecimento de algodão orgânico, práticas laborais justas e defesa da proteção de terras públicas. A iniciativa "1% for the Planet" da Patagonia doa uma parte das vendas a organizações ambientais e apoia campanhas de base para a conservação ambiental e ação climática. A transparência corporativa, as práticas éticas da cadeia de fornecimento e as iniciativas de envolvimento do consumidor inspiram a liderança da sustentabilidade em toda a indústria e impulsionam a mudança sistémica para práticas empresariais responsáveis.

6.6.2 Estudo de caso: Iniciativa Missão Zero da Interface

A Interface, líder mundial em soluções de pavimentos modulares, implementa a iniciativa Mission Zero para alcançar uma pegada ambiental zero até 2020 através de práticas de fabrico sustentáveis, operações neutras em termos de carbono e sistemas de reciclagem em circuito fechado. O compromisso da Interface com a inovação, os princípios da economia circular e o envolvimento das partes interessadas impulsiona a melhoria contínua do desempenho ambiental, fomenta a colaboração da indústria em soluções de sustentabilidade e promove práticas empresariais sustentáveis como um catalisador para a gestão ambiental global.

6.7 Defesa de políticas e impacto global

6.7.1 Estudo de caso: Protocolo de Montreal relativo às substâncias que empobrecem a camada de ozono

O Protocolo de Montreal, um acordo ambiental internacional assinado em 1987, eliminou com êxito a produção e utilização de substâncias que empobrecem a camada de ozono (ODS), como os clorofluorocarbonetos (CFC), para proteger a camada de ozono da Terra. A cooperação global, a investigação científica e os esforços de defesa de políticas no âmbito do Protocolo de Montreal demonstram a eficácia dos acordos multilaterais na abordagem dos desafios ambientais globais, na promoção do desenvolvimento sustentável e na proteção da saúde do planeta.

6.7.2 Estudo de caso: Acordo de Paris sobre as alterações climáticas

O Acordo de Paris, adotado em 2015 no âmbito da Convenção-Quadro das Nações Unidas sobre Alterações Climáticas (CQNUAC), tem por objetivo limitar o aumento da temperatura global a menos de 2 graus Celsius acima dos níveis pré-industriais e prosseguir os esforços para o limitar a 1,5 graus Celsius. Os Contributos Determinados a Nível Nacional (CDN), planos de ação climática voluntários apresentados pelos países, definem os compromissos para reduzir as emissões de gases com efeito de estufa, aumentar a resiliência climática e apoiar os objectivos de desenvolvimento sustentável. O Acordo de Paris promove a cooperação internacional, mobiliza o financiamento climático e capacita as partes interessadas a nível mundial para acelerar a ação climática, atingir os objectivos climáticos e construir um futuro resiliente e com baixas emissões de carbono.

6.8 Olhar para o futuro: Lições aprendidas e direcções futuras

Os estudos de caso apresentados neste capítulo sublinham o impacto transformador da educação, consciencialização e sensibilização no avanço da gestão ambiental, na promoção da sustentabilidade e na resposta aos desafios ambientais globais. Desde histórias de sucesso de conservação e iniciativas de agricultura sustentável a projectos de energia renovável e esforços de sensibilização liderados pela comunidade, estes exemplos demonstram abordagens diversas, soluções inovadoras e parcerias de colaboração que impulsionam a mudança sistémica e inspiram a ação colectiva para um futuro resiliente e sustentável para as gerações presentes e futuras.

6.9 Visão da gestão ambiental

Ao olharmos para o futuro, é essencial aproveitar as lições aprendidas com estes estudos de caso e ampliar as iniciativas de sucesso para acelerar o progresso no sentido de alcançar os objectivos ambientais globais, incluindo a conservação da biodiversidade, a resiliência climática e o desenvolvimento sustentável. A capacitação dos indivíduos, a mobilização das comunidades e a promoção de parcerias inclusivas e equitativas são fundamentais para a concretização de uma visão partilhada de gestão ambiental, justiça social e prosperidade económica num planeta próspero e resiliente.

Conclui-se assim o Capítulo 6, sublinhando o potencial transformador da educação, da sensibilização e da defesa de causas na promoção da gestão ambiental e da sustentabilidade a nível mundial.

Capítulo 7: Desafios e oportunidades na governação ambiental global

O Capítulo 7 explora as complexidades, os desafios e as oportunidades da governação ambiental global, examinando os quadros, as instituições e os esforços de colaboração destinados a abordar questões ambientais prementes e a atingir objectivos de desenvolvimento sustentável à escala global.

7.1 Compreender a governação ambiental mundial

A governação ambiental global engloba os mecanismos, as políticas e as instituições que facilitam a cooperação e a coordenação internacionais para enfrentar os desafios ambientais transfronteiriços. Envolve acordos, convenções e quadros multilaterais, bem como parcerias entre governos, organizações internacionais, sociedade civil e sector privado para promover a sustentabilidade ambiental, a conservação da biodiversidade, a ação climática e a gestão dos recursos.

7.2 Principais acordos internacionais em matéria de ambiente

7.2.1 A Convenção-Quadro das Nações Unidas sobre as Alterações Climáticas (CQNUAC)

A UNFCCC, adoptada em 1992, é um tratado internacional fundamental que visa estabilizar as concentrações de gases com efeito de estufa na atmosfera para evitar uma interferência antropogénica perigosa no sistema climático. A Conferência anual das Partes (COP) reúne as nações para negociar e implementar planos de ação climática, incluindo objectivos de atenuação, estratégias de adaptação e apoio financeiro aos países em desenvolvimento.

7.2.2 A Convenção sobre a Diversidade Biológica (CDB)

A CDB, criada em 1992, tem como objetivo conservar a biodiversidade, assegurar a utilização sustentável dos recursos naturais e promover a partilha equitativa dos benefícios derivados dos recursos genéticos. As partes da CDB desenvolvem estratégias e planos de ação nacionais para a biodiversidade, protegem habitats críticos e promovem práticas favoráveis à biodiversidade em sectores como a agricultura, a silvicultura e a pesca.

7.2.3 O Protocolo de Montreal sobre as substâncias que empobrecem a camada de ozono

O Protocolo de Montreal, assinado em 1987, é um tratado internacional destinado a eliminar progressivamente a produção e o consumo de substâncias que empobrecem a camada de ozono (ODS), como os clorofluorocarbonetos (CFC). O sucesso do protocolo na proteção da camada de ozono demonstra a eficácia da cooperação global, da investigação científica e da defesa de políticas na abordagem das ameaças ambientais e na promoção do desenvolvimento sustentável.

7.3 Desafios da governação ambiental mundial

7.3.1 Vontade política e empenhamento

A obtenção de um consenso entre as nações sobre questões ambientais exige frequentemente a superação de divisões políticas, interesses nacionais contraditórios e considerações económicas. A negociação de compromissos vinculativos, a garantia de financiamento para medidas de adaptação e atenuação das alterações climáticas e o equilíbrio entre as prioridades económicas a curto prazo e os objectivos de sustentabilidade a longo prazo constituem desafios constantes na governação ambiental global.

7.3.2 Lacunas na implementação e aplicação

Apesar dos acordos e convenções internacionais, as lacunas na implementação, aplicação e controlo do cumprimento prejudicam a eficácia da governação ambiental global. A variabilidade das capacidades nacionais, dos quadros institucionais e dos conhecimentos técnicos limita a aplicação da regulamentação ambiental, a monitorização da poluição e a proteção da biodiversidade em diversos ecossistemas e regiões.

7.3.3 Financiamento do desenvolvimento sustentável

A mobilização de recursos financeiros adequados para iniciativas de desenvolvimento sustentável, incluindo projectos de resiliência climática, transições para as energias renováveis e esforços de conservação da biodiversidade, continua a ser um desafio persistente. Colmatar as lacunas de financiamento, alavancar os investimentos dos sectores público e privado e assegurar uma distribuição equitativa dos recursos financeiros é fundamental para alcançar os objectivos ambientais globais e promover o desenvolvimento socioeconómico em comunidades vulneráveis.

7.4 Oportunidades de colaboração e inovação

7.4.1 Transferência de tecnologia e reforço das capacidades

A promoção da transferência de tecnologias, a partilha de conhecimentos e as iniciativas de reforço das capacidades permitem aos países em desenvolvimento adotar práticas sustentáveis, aplicar tecnologias resistentes ao clima e melhorar as capacidades de gestão ambiental. As parcerias internacionais, as colaborações em matéria de investigação e os centros de inovação aceleram os avanços tecnológicos e promovem o crescimento inclusivo nos sectores das energias limpas, das infra-estruturas ecológicas e da agricultura sustentável.

7.4.2 Parcerias Público-Privadas e Envolvimento das Empresas

O envolvimento de entidades do sector privado, incluindo empresas, indústrias e instituições financeiras, como parceiros na governação ambiental global fomenta a inovação, promove a sustentabilidade empresarial e mobiliza recursos para a conservação do ambiente e a ação climática. As iniciativas de responsabilidade empresarial, os compromissos voluntários de sustentabilidade e os mecanismos de financiamento ecológico contribuem para a transformação do mercado, para cadeias de abastecimento sustentáveis e para práticas empresariais responsáveis.

7.4.3 Envolvimento de múltiplos intervenientes e participação da sociedade civil

Plataformas inclusivas de múltiplos intervenientes, envolvendo governos, organizações da sociedade civil, povos indígenas, jovens activistas e universidades, amplificam diversas vozes, promovem o diálogo e catalisam a ação colectiva sobre questões ambientais. Campanhas de sensibilização de base, iniciativas de ciência cidadã e projectos de conservação liderados pela comunidade dão poder às comunidades locais, criam resiliência e promovem a justiça ambiental em quadros de governação ambiental global.

7.5 Reforço da resiliência e das estratégias de adaptação

7.5.1 Resiliência climática e redução do risco de catástrofes

O reforço da resiliência climática e as medidas de redução do risco de catástrofes, incluindo os sistemas de alerta precoce, o desenvolvimento de infra-estruturas resilientes e as estratégias de adaptação baseadas na comunidade, protegem as populações vulneráveis dos riscos relacionados com o clima, dos fenómenos meteorológicos extremos e das catástrofes naturais. A integração da adaptação às alterações climáticas nas políticas nacionais, no planeamento urbano e nos quadros de desenvolvimento sustentável promove a capacidade de adaptação e aumenta a resiliência socioeconómica num clima em mudança.

7.5.2 Adaptação baseada nos ecossistemas e soluções baseadas na natureza

A promoção de abordagens de adaptação baseadas nos ecossistemas, como a recuperação de zonas húmidas, a conservação das florestas e as medidas de proteção costeira, aproveita a resiliência dos ecossistemas naturais para atenuar os impactos climáticos, melhorar a conservação da biodiversidade e garantir serviços ecossistémicos essenciais para o bem-estar humano. O investimento em soluções baseadas na natureza, incluindo projectos de infra-estruturas verdes e iniciativas de conservação da biodiversidade, apoia os objectivos de desenvolvimento sustentável e promove sinergias entre a ação climática e a conservação da biodiversidade.

7.6 O papel da ciência, da investigação e da partilha de conhecimentos

O avanço da investigação científica, a tomada de decisões baseada em dados e as políticas baseadas em provas reforçam os quadros de governação ambiental global, informam as negociações sobre o clima e orientam as estratégias de desenvolvimento sustentável. As avaliações científicas internacionais, os modelos climáticos e as iniciativas de monitorização dos ecossistemas fornecem informações essenciais sobre as tendências ambientais, os impactes climáticos e as estratégias de atenuação, facilitando respostas políticas informadas e promovendo a cooperação global em matéria de desafios ambientais.

7.7 Para um futuro sustentável: Compromissos globais e ação colectiva

Navegar pelas complexidades da governação ambiental global exige uma ação colectiva, uma responsabilidade partilhada e uma liderança transformadora para atingir os objectivos de desenvolvimento sustentável, salvaguardar a saúde do planeta e promover um progresso socioeconómico equitativo. O reforço da cooperação internacional, a mobilização de recursos financeiros e a promoção de parcerias inclusivas entre sectores e regiões são essenciais para enfrentar os desafios ambientais globais, promover a gestão ambiental e garantir um futuro sustentável para as gerações presentes e futuras.

7.8 Visão da governação ambiental mundial

À medida que imaginamos um futuro moldado pela governação ambiental global, pela colaboração e pela inovação, é fundamental aproveitar as oportunidades de mudança transformadora e superar os desafios na implementação de políticas, no financiamento e na criação de capacidades. Capacitar as partes interessadas, promover a equidade e integrar a sustentabilidade ambiental nas agendas de desenvolvimento acelera o progresso no sentido de alcançar os objectivos ambientais globais, promover a resiliência e construir um mundo próspero, equitativo e sustentável.

Conclui-se assim o Capítulo 7, salientando as complexidades, as oportunidades e as vias a seguir na governação ambiental global para enfrentar os desafios ambientais prementes e promover o desenvolvimento sustentável à escala mundial.

Capítulo 8: Tendências emergentes e orientações futuras em matéria de sustentabilidade ambiental

O Capítulo 8 explora as tendências emergentes, as soluções inovadoras e as orientações futuras em matéria de sustentabilidade ambiental, examinando as vias de transformação, os avanços tecnológicos e os quadros políticos que moldam um futuro resiliente e sustentável para o nosso planeta.

8.1 Urbanização sustentável e cidades inteligentes

8.1.1 Inovações em matéria de sustentabilidade urbana

As cidades estão na vanguarda dos desafios e oportunidades da sustentabilidade. As inovações no planeamento urbano, as infra-estruturas ecológicas e as tecnologias inteligentes promovem a eficiência dos recursos, reduzem a pegada de carbono e aumentam a resiliência urbana às alterações climáticas. Os sistemas de transporte sustentáveis, os edifícios energeticamente eficientes e as estratégias de gestão integrada da água contribuem para o desenvolvimento urbano sustentável e melhoram a qualidade de vida dos residentes urbanos.

8.1.2 Cidades inteligentes e inovações digitais

As cidades inteligentes tiram partido das tecnologias digitais, da análise de dados e das soluções da Internet das Coisas (IoT) para otimizar os serviços urbanos, monitorizar os parâmetros ambientais e melhorar a mobilidade urbana. As plataformas digitais para a monitorização em tempo real da qualidade do ar, da gestão de resíduos e do consumo de energia permitem a tomada de decisões com base em dados, promovem a participação dos cidadãos e apoiam a governação urbana sustentável. As parcerias de colaboração entre governos, fornecedores de tecnologia e partes interessadas impulsionam a inovação e aceleram as transições para cidades inteligentes em todo o mundo.

8.2 Resiliência climática e estratégias de adaptação

8.2.1 Infra-estruturas resistentes às alterações climáticas

Os investimentos em infra-estruturas resistentes ao clima, incluindo projectos de construção resilientes, medidas de proteção contra inundações e defesas costeiras, atenuam os riscos de fenómenos meteorológicos extremos, a subida do nível do mar e as catástrofes induzidas pelo clima. As soluções de infra-estruturas verdes, como os espaços verdes urbanos, os sistemas de drenagem natural e os corredores de biodiversidade, melhoram os serviços ecossistémicos, reduzem os efeitos da ilha de calor urbana e promovem a resiliência da comunidade aos impactos climáticos.

8.2.2 Adaptação baseada na comunidade

As estratégias de adaptação de base comunitária permitem que as comunidades locais enfrentem os impactos das alterações climáticas, protejam os recursos naturais e aumentem a capacidade de adaptação através de planeamento participativo, partilha de conhecimentos e iniciativas de subsistência sustentável. Os sistemas de conhecimentos indígenas, as práticas ecológicas tradicionais e os projectos de resiliência liderados pela comunidade promovem a resiliência cultural, a conservação da biodiversidade e o desenvolvimento sustentável em regiões vulneráveis.

8.3 Economia circular e consumo sustentável

8.3.1 Princípios da economia circular

A transição para uma economia circular promove a eficiência dos recursos, minimiza a produção de resíduos e maximiza o valor dos recursos através de sistemas de ciclo fechado, redesenho de produtos e inovações de reciclagem. Os modelos de negócio circulares, como o produto como serviço e a refabricação, prolongam o ciclo de vida dos produtos, reduzem a pegada ambiental e promovem padrões de consumo sustentáveis em todos os sectores.

8.3.2 Consumo sustentável e comportamento do consumidor

A promoção de comportamentos de consumo sustentáveis, incluindo decisões de compra éticas, o minimalismo e o consumismo responsável, fomenta uma cultura de gestão ambiental e reduz os impactos ambientais associados à produção, ao consumo e à produção de resíduos. As campanhas de sensibilização dos consumidores, os sistemas de rotulagem ecológica e as iniciativas de marketing ecológico permitem que os indivíduos façam escolhas informadas e apoiem produtos e serviços sustentáveis.

8.4 Conservação da biodiversidade e recuperação dos ecossistemas

8.4.1 Conservação baseada em ecossistemas

As abordagens de conservação baseadas nos ecossistemas, como as redes de áreas protegidas, a recuperação de habitats e os programas de recuperação de espécies, salvaguardam a biodiversidade, recuperam os ecossistemas degradados e aumentam a resistência ecológica às alterações climáticas. A gestão integrada da paisagem, os corredores de biodiversidade e a valorização dos serviços ecossistémicos promovem práticas sustentáveis de utilização dos solos, preservam habitats críticos e mantêm ecossistemas ricos em biodiversidade.

8.4.2 Rewilding e soluções baseadas na natureza

As iniciativas de rewilding reintroduzem espécies-chave, restauram habitats naturais e promovem a conetividade ecológica para revitalizar ecossistemas, aumentar a biodiversidade e mitigar a fragmentação de habitats. As soluções baseadas na natureza, incluindo projectos de reflorestação, recuperação de zonas húmidas e reabilitação de mangais costeiros, sequestram carbono, regulam os ciclos da água e proporcionam benefícios socioeconómicos às comunidades locais, contribuindo para os esforços de adaptação e atenuação das alterações climáticas.

8.5 Inovações tecnológicas e tecnologias verdes

8.5.1 Avanços nas energias renováveis

Os avanços contínuos nas tecnologias de energias renováveis, como a energia solar fotovoltaica, a energia eólica e as inovações hidroeléctricas, impulsionam a transição para sistemas de energia com baixo teor de carbono, reduzem as emissões de gases com efeito de estufa e aumentam a segurança energética. As soluções de armazenamento de energia, as redes inteligentes e as redes de energia descentralizadas apoiam a integração de energias renováveis, a fiabilidade da rede e as iniciativas de eletrificação em comunidades urbanas e rurais.

8.5.2 Tecnologias limpas e transformação da indústria

As tecnologias limpas, incluindo as células de combustível de hidrogénio, a captura e armazenamento de carbono (CCS) e os processos de fabrico sustentáveis, promovem a descarbonização em todos os sectores industriais, reduzem os impactos ambientais e apoiam os objectivos de desenvolvimento sustentável. As tecnologias da Indústria 4.0, como a automação, a inteligência artificial (IA) e o fabrico de aditivos, optimizam a eficiência dos recursos, minimizam a produção de resíduos e promovem práticas de produção ecológicas.

8.6 Inovações políticas e quadros de governação

8.6.1 Política climática e financiamento verde

Políticas climáticas inovadoras, mecanismos de fixação do preço do carbono e iniciativas de financiamento verde mobilizam investimentos em infra-estruturas resistentes ao clima, projectos de energias renováveis e vias de desenvolvimento sustentável. Os planos nacionais de ação climática, os quadros regulamentares e os acordos internacionais, como o Acordo de Paris e os Objectivos de Desenvolvimento Sustentável (ODS), orientam a coerência das políticas, promovem a cooperação global e aceleram a ação climática à escala.

8.6.2 Governação dos oceanos e conservação marinha

O reforço dos quadros de governação dos oceanos, das zonas marinhas protegidas e das práticas de gestão sustentável das pescas salvaguarda a biodiversidade marinha, atenua a poluição dos oceanos e promove as oportunidades da economia azul. A gestão integrada da zona costeira, o planeamento espacial marinho e as abordagens baseadas nos ecossistemas garantem a utilização sustentável dos recursos marinhos, protegem os ecossistemas marinhos e apoiam a resiliência das comunidades costeiras aos impactos climáticos.

8.7 Educação, sensibilização e reforço das capacidades

8.7.1 Literacia ambiental e educação para o desenvolvimento sustentável

A integração da literacia ambiental, da educação para a sustentabilidade e dos currículos STEM (Ciência, Tecnologia, Engenharia e Matemática) nos sistemas de ensino formal fomenta a consciência ecológica, capacita as gerações futuras e cultiva uma cultura de gestão ambiental. A aprendizagem experimental, os programas de educação ao ar livre e as iniciativas de envolvimento dos jovens inspiram a inovação, promovem estilos de vida sustentáveis e preparam os jovens como cidadãos globais para os desafios ambientais.

8.7.2 Reforço das capacidades e partilha de conhecimentos

As iniciativas de reforço de capacidades, os programas de assistência técnica e a cooperação Sul-Sul promovem a partilha de conhecimentos, criam capacidades institucionais e capacitam os países em desenvolvimento para implementarem soluções de desenvolvimento sustentável. As colaborações de investigação, os centros de inovação e as plataformas de dados de acesso livre facilitam os avanços científicos, informam as políticas baseadas em dados concretos e impulsionam a mudança transformadora no sentido dos objectivos de desenvolvimento sustentável.

8.8 Colaboração global e ação colectiva

8.8.1 Cooperação multilateral e diplomacia

O reforço da cooperação multilateral, as negociações diplomáticas e as parcerias internacionais promovem a criação de consensos, aumentam a solidariedade global e aceleram os progressos no sentido de objectivos ambientais comuns. Plataformas como a Assembleia das Nações Unidas para o Ambiente (UNEA) e as agendas de sustentabilidade do G20 promovem o diálogo, a colaboração e a ação colectiva sobre desafios ambientais prementes, incluindo a perda de biodiversidade, as alterações climáticas e a degradação ambiental.

8.8.2 Parcerias Público-Privadas e Envolvimento das Partes Interessadas

O envolvimento de diversas partes interessadas, incluindo governos, empresas, organizações da sociedade civil, universidades e comunidades indígenas, em parcerias de colaboração promove a tomada de decisões inclusivas, a difusão da inovação e os resultados do desenvolvimento sustentável. As parcerias público-privadas, os compromissos de sustentabilidade empresarial e os investimentos de impacto social impulsionam a transformação do mercado, aumentam a escala das soluções sustentáveis e potenciam a experiência colectiva para enfrentar eficazmente os desafios ambientais globais.

8.9 Visão para um futuro sustentável

À medida que imaginamos um futuro sustentável, abraçar as tendências emergentes, fomentar a inovação e promover caminhos transformadores para a sustentabilidade ambiental são essenciais para criar resiliência, alcançar a saúde planetária e garantir a prosperidade para as gerações actuais e futuras. A integração de soluções baseadas na ciência, inovações políticas e parcerias inclusivas acelera o progresso em direção aos objectivos de desenvolvimento sustentável, salvaguarda os ecossistemas da Terra e promove um desenvolvimento socioeconómico equitativo num planeta próspero e resiliente.

8.10 Conclusão

O Capítulo 8 conclui com uma reflexão sobre o potencial transformador das tendências emergentes e das orientações futuras em matéria de sustentabilidade ambiental. Aproveitando as inovações tecnológicas, fazendo avançar os quadros políticos e promovendo a colaboração global, a humanidade pode enfrentar desafios ambientais complexos, promover o desenvolvimento sustentável e garantir um futuro próspero, equitativo e sustentável para todos.

Este capítulo destaca a evolução dinâmica dos esforços de sustentabilidade ambiental e sublinha a importância da ação colectiva, da inovação e da liderança visionária na construção de um mundo resiliente e sustentável.

Capítulo 9: Perspectivas éticas e justiça social na sustentabilidade ambiental

O Capítulo 9 analisa as dimensões éticas, as considerações de justiça social e os quadros éticos subjacentes aos esforços de sustentabilidade ambiental. Explora a intersecção das questões ambientais com os direitos humanos, a equidade e as responsabilidades éticas para com as gerações actuais e futuras.

9.1 Fundamentos éticos da gestão ambiental

9.1.1 Ética ecológica e ecologia profunda

A ética ecológica realça o valor intrínseco da natureza, da biodiversidade e dos ecossistemas, defendendo as responsabilidades éticas para com as entidades não humanas e as gerações futuras. Os princípios da ecologia profunda promovem a interligação, o respeito por todas as formas de vida e a gestão dos ecossistemas da Terra como valores fundamentais na tomada de decisões ambientais e no desenvolvimento sustentável.

9.1.2 Antropocentrismo vs. Biocentrismo

O debate entre as perspectivas antropocêntrica e biocêntrica enquadra as considerações éticas em matéria de sustentabilidade ambiental. As perspectivas antropocêntricas dão prioridade aos interesses humanos, ao crescimento económico e ao desenvolvimento, muitas vezes à custa da integridade ecológica e da conservação da biodiversidade. A ética biocêntrica reconhece o valor inerente de todos os organismos vivos e ecossistemas, defendendo práticas sustentáveis que equilibram as necessidades humanas com a proteção ambiental e a conservação da biodiversidade.

9.2 Justiça e equidade ambiental

9.2.1 Racismo e desigualdades ambientais

A justiça ambiental aborda as disparidades em termos de encargos ambientais, riscos e acesso aos recursos naturais, afectando frequentemente de forma desproporcionada as comunidades marginalizadas, os povos indígenas e as populações com baixos rendimentos. O racismo ambiental refere-se a práticas discriminatórias, políticas e injustiças ambientais que expõem as comunidades vulneráveis à poluição, aos locais de resíduos perigosos e aos riscos ambientais, salientando as desigualdades sistémicas e as disparidades socioeconómicas na governação ambiental.

9.2.2 Interseccionalidade e vulnerabilidade ambiental

As abordagens intersectoriais examinam os impactos interligados da raça, etnia, género, estatuto socioeconómico e localização geográfica na vulnerabilidade e resiliência ambiental. Os grupos marginalizados, incluindo mulheres, crianças, pessoas com deficiência e comunidades indígenas, sofrem impactes ambientais desproporcionados, falta de acesso a água potável, saneamento e meios de subsistência sustentáveis, necessitando de políticas inclusivas, tomadas de decisão participativas e estratégias de resiliência lideradas pela comunidade.

9.3 Justiça intergeracional e gerações futuras

9.3.1 Direitos das gerações futuras

Os princípios de justiça intergeracional reconhecem os direitos das gerações futuras de herdar um ambiente saudável, aceder aos recursos naturais e usufruir de bem-estar e qualidade de vida. As estratégias de desenvolvimento sustentável, o planeamento a longo prazo e as medidas de precaução visam proteger a equidade intergeracional, evitar danos ambientais irreversíveis e assegurar práticas de gestão sustentável dos recursos para as gerações futuras.

9.3.2 Princípio da precaução e gestão dos riscos

O princípio da precaução orienta a tomada de decisões no domínio do ambiente, defendendo medidas preventivas para fazer face a potenciais riscos de danos para a saúde humana ou para o ambiente, mesmo na ausência de provas científicas conclusivas. A avaliação dos riscos, as estratégias de atenuação dos perigos e as considerações éticas promovem abordagens de precaução na formulação de políticas, na aplicação de tecnologias e na gestão dos recursos naturais para salvaguardar a saúde planetária e o bem-estar futuro.

9.4 Consumo ético e estilos de vida sustentáveis

9.4.1 Consumismo ético e escolhas responsáveis

O consumismo ético incentiva decisões de compra conscientes baseadas em considerações ambientais, sociais e éticas, promovendo produtos sustentáveis, práticas de comércio justo e a responsabilidade das empresas. As campanhas de sensibilização dos consumidores, os sistemas de rotulagem ecológica e as práticas éticas da cadeia de abastecimento permitem que os indivíduos apoiem empresas sustentáveis, reduzam a pegada ecológica e promovam estilos de vida sustentáveis alinhados com os valores da gestão ambiental.

9.4.2 Objectivos de Desenvolvimento Sustentável (ODS) e imperativos éticos

Os Objectivos de Desenvolvimento Sustentável (ODS) das Nações Unidas fornecem um quadro global para enfrentar desafios interligados, incluindo a redução da pobreza, a ação climática e a conservação da biodiversidade, através de abordagens integradas ao desenvolvimento sustentável. Os imperativos éticos estão na base da implementação dos ODS, promovendo o crescimento inclusivo, a justiça social e a sustentabilidade ambiental para alcançar resultados equitativos e melhorar o bem-estar de todas as pessoas e do planeta.

9.5 Ética ambiental na política e governação

9.5.1 Ética na política ambiental

A integração de princípios éticos, valores e perspectivas das partes interessadas informa a formulação de políticas ambientais, quadros regulamentares e estruturas de governação para enfrentar desafios ambientais complexos e promover o desenvolvimento sustentável. Os quadros éticos de tomada de decisões, os processos participativos e o envolvimento do público aumentam a transparência, a responsabilidade e a legitimidade da governação ambiental, promovendo a confiança e a colaboração entre as diversas partes interessadas.

9.5.2 Responsabilidade social das empresas e práticas empresariais éticas

As iniciativas de responsabilidade social das empresas (RSE) promovem práticas empresariais éticas, gestão ambiental e compromissos de desenvolvimento sustentável que vão para além da conformidade regulamentar. As estratégias de RSE, os relatórios de sustentabilidade e o envolvimento das partes interessadas permitem às empresas integrar princípios éticos nas operações, cadeias de abastecimento e culturas empresariais, contribuindo para impactos sociais positivos, conservação ambiental e criação de valor a longo prazo.

9.6 Conhecimento indígena e sabedoria ecológica tradicional

9.6.1 Direitos indígenas e governação ambiental

Os sistemas de conhecimento indígena, a sabedoria ecológica tradicional e as práticas habituais de posse da terra oferecem abordagens holísticas à conservação da biodiversidade, à gestão dos ecossistemas e à utilização sustentável dos recursos. Os direitos dos povos indígenas à autodeterminação, à preservação do património cultural e à gestão das terras informam os quadros de governação ambiental, promovem a conservação da biodiversidade e apoiam a resistência das comunidades às alterações ambientais.

9.6.2 Soberania indígena e parcerias para a conservação

As parcerias de colaboração entre as comunidades indígenas, os governos e as organizações de conservação dão poder aos povos indígenas como guardiães da biodiversidade, dos recursos naturais e das paisagens culturais. Os acordos de cogestão, as áreas protegidas indígenas e o intercâmbio de conhecimentos ecológicos tradicionais promovem a participação equitativa, respeitam os direitos indígenas e aumentam a resiliência ecológica nas iniciativas de conservação.

9.7 Liderança ética e cidadania global

9.7.1 Liderança ética na sustentabilidade

A liderança ética fomenta a integridade, a responsabilidade e a gestão visionária na promoção de objectivos de sustentabilidade, na promoção da justiça ambiental e na condução de mudanças transformadoras para um mundo mais justo e sustentável. Os líderes éticos defendem políticas inclusivas, inspiram a ação colectiva e cultivam uma cultura de responsabilidade, empatia e solidariedade para enfrentar os desafios ambientais globais e promover o desenvolvimento sustentável para as gerações futuras.

9.7.2 Cidadania global e responsabilidade colectiva

A cidadania global implica responsabilidade partilhada, solidariedade e participação ativa na resolução dos desafios ambientais globais, na promoção dos direitos humanos e no avanço dos objectivos de desenvolvimento sustentável. Capacitar os cidadãos globais através da educação, da sensibilização e do diálogo intercultural fomenta um sentido de interligação, promove valores de gestão ambiental e mobiliza esforços colectivos para a construção de um futuro resiliente, equitativo e sustentável para todos.

9.8 Visão para uma sustentabilidade ambiental ética

Ao perspectivarmos uma sustentabilidade ambiental ética, abraçar a diversidade, promover a inclusão e defender os princípios éticos orienta os caminhos transformadores para um desenvolvimento equitativo, resiliente e sustentável. A integração da ética ambiental, das considerações de justiça social e dos quadros éticos nos processos políticos, de governação e de tomada de decisões fomenta a solidariedade global, promove a equidade intergeracional e salvaguarda os ecossistemas da Terra para as gerações presentes e futuras.

9.9 Conclusão

O Capítulo 9 conclui com uma reflexão sobre os imperativos éticos, as considerações de justiça social e as vias de transformação para o avanço da sustentabilidade ambiental. Ao integrar perspectivas éticas, promover a equidade social e defender os direitos humanos, a humanidade pode forjar um caminho para um futuro justo, sustentável e próspero para toda a vida na Terra.

Este capítulo sublinha a importância da gestão ambiental ética, dos princípios de justiça social e da cidadania global na definição de políticas, práticas e comportamentos que promovam a saúde do planeta, fomentem a resiliência e assegurem um legado sustentável para as gerações vindouras.

Capítulo 10: Rumo a um futuro sustentável: Vias e acções para a transformação global

O Capítulo 10 sintetiza os principais temas, as lições aprendidas e as vias de ação para alcançar um futuro sustentável para o nosso planeta. Reflecte sobre os desafios, oportunidades e acções transformadoras necessárias a nível global, nacional e local para abordar a sustentabilidade ambiental, promover a resiliência e fomentar o desenvolvimento inclusivo.

10.1 Recapitulando os desafios ambientais

Ao longo deste livro, examinámos os desafios ambientais multifacetados que o nosso planeta enfrenta, desde as alterações climáticas e a perda de biodiversidade até à poluição, esgotamento de recursos e degradação ambiental. Estes desafios ameaçam os ecossistemas, a biodiversidade e o bem-estar humano, sublinhando a urgência de uma ação colectiva e de uma mudança transformadora para salvaguardar os sistemas naturais da Terra e garantir um futuro sustentável para as gerações presentes e futuras.

10.2 Lições da ciência e da política ambiental

Os conhecimentos da ciência ambiental, a investigação política e os estudos interdisciplinares realçam a natureza interligada das questões ambientais, dos impactos socioeconómicos e das respostas políticas. As avaliações científicas, as análises baseadas em dados e os quadros de modelação informam a tomada de decisões com base em provas, orientam a formulação de políticas e promovem estratégias de gestão adaptativa para enfrentar eficazmente desafios ambientais complexos.

10.3 Mudança de paradigmas: Da sustentabilidade à resiliência

A passagem da sustentabilidade para a resiliência coloca a tónica no desenvolvimento da capacidade de adaptação, no reforço da resiliência dos ecossistemas e na promoção da resiliência socioeconómica face às alterações e incertezas ambientais. As abordagens baseadas na resiliência integram as dimensões ecológica, social e económica, promovem a governação adaptativa e capacitam as comunidades para enfrentarem os choques, os factores de tensão e os riscos sistémicos, assegurando vias de desenvolvimento sustentável para um futuro resiliente.

10.4 Acelerar a ação climática e as estratégias de atenuação

A aceleração da ação climática exige esforços ambiciosos de atenuação, transições para as energias renováveis e descarbonização em todos os sectores, a fim de alcançar emissões líquidas nulas e limitar o aumento da temperatura global em conformidade com os objectivos do Acordo de Paris. O reforço da cooperação internacional, a mobilização do financiamento climático e a integração de considerações climáticas no planeamento do desenvolvimento fazem avançar as infra-estruturas resistentes ao clima, promovem as tecnologias verdes e impulsionam a mudança transformadora para uma economia com baixo teor de carbono.

10.5 Proteção da biodiversidade e dos serviços ecossistémicos

A salvaguarda da biodiversidade e dos serviços ecossistémicos implica a conservação de habitats críticos, a recuperação de ecossistemas degradados e a promoção de práticas sustentáveis de utilização dos solos que apoiem a conservação da biodiversidade e a resiliência dos ecossistemas. As abordagens integradas à conservação da biodiversidade, à adaptação baseada nos ecossistemas e às soluções baseadas na natureza melhoram a conetividade ecológica, restauram as funções dos ecossistemas e sustentam os serviços essenciais para o bem-estar humano e a saúde do planeta.

10.6 Promoção do consumo e da produção sustentáveis

A promoção de padrões de consumo e produção sustentáveis implica a transição para modelos de economia circular, a redução do consumo de recursos, a minimização da produção de resíduos e a promoção de produtos e serviços amigos do ambiente. A consciencialização dos consumidores, as práticas sustentáveis da cadeia de abastecimento e os compromissos de sustentabilidade das empresas impulsionam a transformação do mercado, apoiam estilos de vida sustentáveis e promovem comportamentos de consumo responsáveis alinhados com os valores de gestão ambiental.

10.7 Promoção de parcerias inclusivas e envolvimento das partes interessadas

As parcerias inclusivas e o envolvimento das partes interessadas fomentam a governação colaborativa, capacitam as comunidades marginalizadas e promovem a equidade social nos processos de tomada de decisões ambientais. As plataformas de múltiplos intervenientes, as abordagens participativas e o reconhecimento dos direitos indígenas melhoram o diálogo, criam confiança e mobilizam a ação colectiva para resultados de desenvolvimento inclusivos, equitativos e sustentáveis para todas as pessoas e para o planeta.

10.8 Reforço da resiliência e da capacidade de adaptação

O reforço da resiliência e da capacidade de adaptação implica investir em infra-estruturas resistentes ao clima, medidas de redução do risco de catástrofes e estratégias de adaptação baseadas na comunidade para proteger as populações vulneráveis dos impactos climáticos, das catástrofes naturais e dos riscos ambientais. A integração de medidas de reforço da resiliência no planeamento do desenvolvimento, nas estratégias de resiliência urbana e nas abordagens baseadas nos ecossistemas promove a governação adaptativa, aumenta a resiliência socioeconómica e salvaguarda os meios de subsistência num clima em mudança.

10.9 Capacitar as gerações futuras como agentes de mudança

Capacitar as gerações futuras como agentes de mudança exige a integração da educação para a sustentabilidade, da literacia ambiental e de iniciativas de envolvimento dos jovens para inspirar a inovação, promover a participação cívica e fomentar valores de gestão ambiental. A liderança juvenil, o diálogo intergeracional e os programas de reforço de capacidades capacitam os jovens para defenderem a ação climática, impulsionarem as agendas de desenvolvimento sustentável e moldarem um futuro sustentável assente na equidade, justiça e solidariedade.

10.10 Visão para a transformação global: Ética, justiça e sustentabilidade

Ao perspectivarmos a transformação global para um futuro sustentável, os princípios éticos, as considerações de justiça social e os quadros de direitos humanos orientam as políticas inclusivas, a atribuição equitativa de recursos e os processos participativos de tomada de decisões. A liderança ética, a cidadania global e a responsabilidade colectiva fomentam a solidariedade, promovem a gestão ambiental e fazem avançar os objectivos de desenvolvimento sustentável, garantindo um futuro resiliente, equitativo e próspero para toda a vida na Terra.

10.11 Conclusão: Abraçando a jornada rumo à sustentabilidade

Em conclusão, o caminho para a sustentabilidade exige empenho, colaboração e ação transformadora às escalas local, nacional e global. Ao abraçar a inovação, fomentar a resiliência e defender os princípios éticos, a humanidade pode enfrentar os desafios ambientais, promover o desenvolvimento inclusivo e garantir um legado sustentável para as gerações futuras. Juntos, vamos forjar um caminho para um futuro resiliente, equitativo e sustentável, onde a natureza prospera, as comunidades prosperam e todas as pessoas vivem em harmonia com o planeta.

Este capítulo final reflecte sobre o potencial transformador da ação colectiva, da liderança ética e da solidariedade global na consecução dos objectivos de desenvolvimento sustentável e na construção de um mundo próspero, equitativo e resiliente para as gerações presentes e futuras.

Referências :

Abhilash PC, Dubey RK, Tripathi V, GuptaVK, Singh HB (2016) Microorganismos promotores do crescimento de plantas para a sustentabilidade ambiental. Sci Soc 34(11):847-8502.

Adebusoye SA, Ilori MO, Amund OO, TenialaOD, Olatope SO (2007) Microbial degradationof petroleum hydrocarbon in a pollutedtropical stream. World J Microbiol Biotechnol23(8):1149-11593.

Ahmad M, Zahir ZA, Asghar HN, Asghar M (2011) Indução da tolerância ao sal no feijão mungo através da coinoculação com rizóbios e rizobactérias promotoras do crescimento de plantas que contêm 1-aminociclopropano-1-carboxilato deaminase. Can J Microbiol 57:578-5894.

Akinsemolu A A (2018) The role of micro-organisms in achieving the sustainabledevelopment goals (O papel dos microrganismos na consecução dos objectivos de desenvolvimento sustentável). J Clean Prod182:139-1555.

Arora, Naveen Kumar, Tahmish Fatima, IshaMishra, Maya Verma, Jitendra Mishra, eVaibhav Mishra. "Sustentabilidade ambiental: desafios e soluções viáveis". EnvironmentalSustainability 1, no. 4 (2018): 309-340.6.

Atlas RM (1981) Fate of oil from two major oilpills: role of microbial degradation in removingoil from the Amoco Cadiz and IXTOCI spills.Environ Int 5(1):33-387.

Atlas RM, Hazen TC (2011) Oil biodegradationand bioremediation: a Tale of the two worstspills in U.S. History. Environ Sci Technol45(16):6709-67158.

Bhattacharyya, Ranjan, Birendra Nath Ghosh, Prasanta Kumar Mishra, Biswapati Mandal, Cherukumalli Srinivasa Rao, Dibyendu Sarkar, Krishnendu Das et al. "Soil degradation inIndia: Challenges and potential solutions. "Sustainability 7, no. 4 (2015): 3528-3570.9.

Boopathy R (2000) Factores que limitam as tecnologias de bioremediação. Bioresour Technol74:63-6710.

Borrelle SB, Rochman CM, Liboiron M, BondAL, Lusher A, Bradshaw H, Provencher JF (2017) Porque é que precisamos de um acordo internacional sobre a poluição marinha por plásticos. Proc Nat Acad Sci114(38):9994-9997.11.

I want morebooks!

Buy your books fast and straightforward online - at one of world's fastest growing online book stores! Environmentally sound due to Print-on-Demand technologies.

Buy your books online at
www.morebooks.shop

Compre os seus livros mais rápido e diretamente na internet, em uma das livrarias on-line com o maior crescimento no mundo! Produção que protege o meio ambiente através das tecnologias de impressão sob demanda.

Compre os seus livros on-line em
www.morebooks.shop

Printed by Books on Demand GmbH, Norderstedt / Germany